Die Vorherbestimmung des Wetters.

Antrittsvorlesung,
gehalten am 20. Juli 1918 in der
Aula der Universität Leipzig

von

ROBERT WENGER,
Dr. phil. nat., a. o. Prof. der Geophysik.

Leipzig
Verlag von Veit & Comp.
1919

Druck von Metzger & Wittig in Leipzig.

Die Vorherbestimmung des Wetters.[1]

Eure Magnifizenz!
Meine Damen und Herren!

Seitdem es Menschen auf der Erde gibt, wird es ihr Wunsch gewesen sein, das kommende Wetter voraussehen und danach ihre Maßregeln treffen, drohendem Schaden vorbeugen zu können. War dieser Wunsch schon im Frieden bei Angehörigen aller Berufe so allgemein, daß sich der Staat veranlaßt fand, ihm durch die Einrichtung des öffentlichen Wetterdienstes Rechnung zu tragen, so mußte er bald nach Kriegsausbruch besonders stark bei den leitenden militärischen Stellen laut werden. Denn strategische und taktische Unternehmungen, die Tätigkeit der Luftstreitkräfte, der Erfolg des Gaskampfes, die Flugbahn der Geschosse, Gesundheit und Moral der Truppen werden vom Wetter oft entscheidend beeinflußt. Mit dem Wetter stehen die Erträge der Felder und damit unter den jetzigen Umständen die Fragen der Volksernährung im un-

---

[1]) Einige Stellen, die beim Vortrag wegen der beschränkten Zeit weggelassen werden mußten, sind hier wieder eingefügt.

mittelbaren Zusammenhang. Die Wichtigkeit guter Wettervorhersagen für die Landesverteidigung und das Durchhalten liegt demnach auf der Hand, und es wird verständlich, daß das Problem der Vorausbestimmung des Wetters eben durch den Krieg zu einem besonders aktuellen geworden ist, an dessen Lösung zurzeit eifrigst gearbeitet wird. Ich will versuchen, die Wege, die hierbei beschritten worden sind, Ihnen, meine Damen und Herren, im Rahmen dieser Vorlesung darzulegen.

Man begegnet in Laienkreisen vielfach der Auffassung, daß die Vorhersage, oder, wie man wohl sagt, das Prophezeien des Wetters, das eigentliche Ziel der wissenschaftlichen Witterungskunde oder Meteorologie sei. Dem ist in Wahrheit nicht so. Die eigentliche Aufgabe der Meteorologie ist die Erforschung der Gesetze, denen die Vorgänge im Luftmeere folgen. Die Wettervorhersage steht zur Meteorologie im Verhältnis einer angewandten Wissenschaft zur reinen Wissenschaft, also in einem ähnlichen Verhältnis, in dem die Vermessungskunde zur Mathematik, Zeit- und Ortsbestimmung zur Astronomie, ein großer Teil der modernen Technik zur Physik und Chemie steht. Doch sind es naturgemäß enge Beziehungen, die die Meteorologie mit der Wettervorhersage verknüpfen. Würde doch die vollständige und restlose Lösung der Aufgaben der Meteorologie die Lösung des Problems der Wettervorhersage von selbst nach sich ziehen. Hätten wir die Gesetze des Luftmeeres und ihr Zusammenwirken bei den Witterungsprozessen vollständig erkannt, so brauchten wir diese Erkenntnis nur anzuwenden, und die vollkommene Wettervorhersage würde uns wie eine reife Frucht zufallen. Daraus darf aber nicht umgekehrt geschlossen werden, daß wir erst einen vollkommenen Einblick in die Witterungsvorgänge abwarten müssen, bevor wir an das Problem der Wettervorhersage mit Aussicht auf Erfolg herangehen können. Vielmehr erscheint eine praktischen Bedürfnissen genügende Lösung auch ohne Kenntnis oder bei nur unvollkommener Kenntnis der ursächlichen Zusammenhänge durchaus möglich.

Schon Jahrtausende vor Beginn unserer Zeitrechnung vermochten die Sternkundigen der Chaldäer Sonnen- und Mondfinsternisse mit ziemlich gutem Gelingen vorherzusagen, obwohl sie nichts ahnten von dem Gesetz, dem die Bewegungen der Himmelskörper folgen, ja noch nicht einmal eine zutreffende Vorstellung von dem gegenseitigen Verhältnis von Sonne, Erde und Mond hatten. Wie war das möglich?

Es geschah auf Grund der Erfahrung, daß eine jede Finsternis nach Ablauf von 18 Jahren und 10 oder 11 Tagen, dem sogenannten Saroszyklus, in nahezu gleicher Weise wiederzukehren pflegt.

Diese Vorhersagen der Chaldäer beruhen also auf der Kenntnis einer Periode, nach deren Ablauf die Erscheinungen in derselben oder doch nahezu derselben Weise wiederkehren. Wie einfach wäre es doch, wenn auch das Wetter sich nach einer bestimmten Zeit in genau derselben Weise wiederholte! Wir würden dann auf Jahre hinaus wissen, welches

Wetter jeder Tag bringt, und könnten uns danach einrichten.

Tatsächlich gibt es Gegenden, in denen sich das Wetter oft längere Zeit hintereinander täglich nahezu in der gleichen Weise abspielt und dieser Umstand auch prognostisch ausgenutzt wird. Wenn ein Weißer, der in den Tropen lebt, seine Freunde, wie dort üblich, für die Zeit nach dem Gewitter zum Tee bittet, so macht er dabei eine Prognose, die auf der Kenntnis von einer eintägigen Wetterperiode beruht.

In unseren Breiten, mit ihrem launischen Wetter, würde sich eine Sitte wie die genannte kaum ausbilden können. Doch sind auch uns Vorhersagen, die sich auf die Kenntnis von Perioden gründen, nicht fremd, wenn sie uns auch nicht immer als Vorhersagen zum Bewußtsein kommen mögen. Wenn wir für unsere Spaziergänge im Sommer die Abendstunden, im Winter die frühen Nachmittagstunden von vornherein in Aussicht nehmen, wenn wir uns schon im Sommer mit Heizmaterial für den Winter eindecken, so liegen diesen Maßnahmen, bewußt oder nicht, Vorhersagen des kommenden Wetters zugrunde, und zwar Vorhersagen, die sich auf die tägliche und jährliche Periode der Temperatur gründen.

Die Grundlage ist die gleiche, nur das Gewand wissenschaftlicher, wenn man langjährige Mittelwerte der meteorologischen Elemente als Vorhersagen ausgibt, wie dies schon im Altertum und noch in neuester Zeit geschah.

Wie Köppen treffend bemerkt, ist das Verfahren, langjährige Mittelwerte als Vorhersagen zu bezeichnen, logisch völlig unangreifbar. Ja, es ist sogar möglich, die Wahrscheinlichkeit des Eintreffens solcher Vorhersagen im voraus ziffernmäßig anzugeben. Und doch haben sie wenig Wert. Was wir von einer Wettervorhersage verlangen, ist nicht Auskunft über das, was der betreffende Tag mit seinesgleichen gemein hat, sondern vielmehr über das, was ihn von anderen Tagen unterscheidet. Was wir im voraus kennen möchten, sind nicht die Mittelwerte, sondern die Abweichungen von ihnen, also das, was übrig bleibt, wenn man von den tatsächlich eintretenden Werten die langjährigen Mittelwerte abzieht.

Es ist ein lange und gern gehegter Gedanke vieler Meteorologen gewesen, daß auch diese Abweichungen sich schließlich als aus Perioden zusammengesetzt erweisen möchten, und es ist viel Mühe darauf verwendet worden, solche Perioden zu finden. Dabei ist man in verschiedener Weise zu Werke gegangen. Entweder man suchte bekannte, meist kosmische Perioden, wie die Mondperioden, die elfjährige Periode der Sonnenflecken, in den Beobachtungen nachzuweisen, oder aber man ging ohne solche Vorurteile an die Beobachtungen heran und suchte aus ihnen neue, noch nicht bekannte Perioden herauszuschälen.

Auf beiden Wegen ist das Vordringen mühsam: eindringende Kritik ist erforderlich, wenn man sich vor Fehlschlüssen sichern will. Den Fernerstehenden mag das befremden, er wird denken: Wenn Perioden vorhanden sind, so müssen sie leicht daran erkennbar sein, daß sich alles nach Ablauf einer bestimmten Zeit wiederholt. Das ist aber doch nur dann der Fall, wenn alle vorkommenden Perioden ein gemeinsames Maß haben, wenn sie, wie es in mathematischer Sprache heißt, kommensurabel sind. Ist das nicht der Fall, so dauert es theoretisch unendlich lange, ehe derselbe Zustand wiederkehrt. Der Vorgang, als Ganzes betrachtet, verliert den periodischen Charakter vollkommen. Das Fehlen von augenscheinlichen Perioden in den Beobachtungen braucht, wie diese Überlegung zeigt, an sich nicht gegen die Annahme zu sprechen, daß die Abweichungen vom Mittelwert sich aus Perioden aufbauen lassen, und das Suchen nach solchen Perioden ist nicht von vornherein sinnlos.

Die darauf verwandte Mühe ist, rein wissenschaftlich betrachtet, nicht ganz ergebnislos gewesen. Es ist gelungen, die bekannte elfjährige Periode der Sonnenflecken in den Temperaturbeobachtungen, von dem Vorhandensein einer Mondperiode in Luftdruck- und Gewitterbeobachtungen wenigstens Andeutungen zu finden. Allein die zu diesen Perioden gehörigen Schwankungen sind viel zu klein, als daß aus ihnen die tatsächlich beobachtbaren Schwankungen erklärt werden könnten.

Von den ohne Voreingenommenheit aus den Beobachtungen herausgeschälten Perioden gilt teils das eben Gesagte, teils ist die Gesetzmäßigkeit in ihnen zu wenig ausgeprägt, als daß sie prognostische Verwendung finden könnten. Manche Periodizitäten scheinen nach einer gewissen Zeit abzubrechen und, nach einer kürzeren oder längeren Störung, durch eine andere ersetzt zu werden.

Das praktische Ergebnis aller dieser Arbeiten für die Wettervorhersage ist bis jetzt recht dürftig gewesen. Da es nicht geglückt ist, die beobachteten Wetterschwankungen durch das Zusammenwirken von verschiedenen Perioden zu erklären, kann auch vorläufig nicht daran gedacht werden, durch Verlängern und Zusammensetzen dieser Perioden die Zukunft des Wetters zu entschleiern. Nur in ganz vereinzelten Fällen scheinen Periodizitäten eine nützliche prognostische Anwendung gefunden zu haben, so eine zweitägige Periode des Luftdrucks bei der noch zu erwähnenden Guilbert-Grossmannschen Regel und die nach Clayton benannte fünfeinhalbtägige Wetterperiode, die dem Vernehmen nach den Prognosenstellern in Amerika Dienste leistet.

Im Publikum aber erhält sich der Glaube an eine Wetterperiode mit wunderbarer Hartnäckigkeit, das ist der Glaube an die Mondperiode. Der meteorologische Fachmann wird oft geradezu feindlich oder mitleidig angesehen, wenn er sich erlaubt, die Wirkung des Mondes auf das Wetter in Zweifel zu ziehen. Nicht selten wird von ihm der Nachweis verlangt, daß der Mond keinen Einfluß auf das Wetter habe. Das ist gerade so, als wenn von einem Angeklagten verlangt würde, er solle seine Unschuld beweisen, während es doch umgekehrt Sache des Vertreters der Anklage ist, für die Schuld des Angeklagten ausreichende Beweise beizubringen.

Die Beweise für die Mitschuld des Mondes am

Wetter sind aber bisher noch keineswegs beigebracht worden. Allerdings ergeben Theorie und Erfahrung übereinstimmend, daß der Mond kleine Gezeitenbewegungen im Luftmeere erzeugt. Aber das ist auch seine einzige, bisher einigermaßen sicher nachgewiesene, für den Witterungsverlauf aber anscheinend ganz belanglose Wirkung. Die sorgfältigsten, auf jahrelange Beobachtungsreihen gestützten Zusammenstellungen über das Zusammentreffen von Witterungswechseln mit Mondwechseln geben nicht mehr Treffer, als nach den Gesetzen der Wahrscheinlichkeit zu erwarten ist. Trotzdem lebt der Mondglaube, in dessen Gestalt sich ein Stück mittelalterlicher Astrologie in unsere Zeit hinübergerettet zu haben scheint, weiter und die Mondpropheten finden andächtige Gemeinden. Der berühmteste Mondmeteorologe, dessen Sie sich sicher noch alle erinnern werden, war Rudolf Falb.

Fassen wir zusammen, so ergibt sich, daß das Periodensuchen noch wenig Erkleckliches für die Prognose geleistet hat. Die Frage liegt nahe, ob es denn wahrscheinlich ist, daß sich die Witterungsschwankungen in Perioden auflösen lassen oder nicht, mit anderen Worten, ob der bisher zu buchende Mißerfolg seinen Grund hat in unserem Ungeschick, die Aufgabe anzugreifen, oder ob er in der Aufgabe selbst begründet ist.

Ich glaube, die Frage läßt sich in folgender Form stellen: Einem thermodynamischen System, der Erde, wird von der Sonne Energie zugestrahlt. Die Energiezufuhr besitzt hinsichtlich ihrer Verteilung und ihrer Intensität eine tägliche und eine jährliche Periode. Werden, so lautet die Frage, die Veränderungen in diesem System periodischen Charakter haben oder nicht? Man wird geneigt sein, die Frage zu bejahen. Indes, so einfach liegen die Verhältnisse nicht. Der Energieaustausch zwischen Sonne und Erde geht gar nicht so regelmäßig vor sich, sein Takt wird empfindlich gestört durch den in der Atmosphäre zirkulierenden Wasserdampf und seine Kondensationsprodukte, die Wolken. Nun werden ja diese Störungen ihrerseits wieder abhängig von dem Energieaustausch sein, vielleicht könnte also der periodische Charakter der Vorgänge innerhalb des Systems doch noch erhalten bleiben. Die Abhängigkeit des Energieaustausches von Wasserdampf und Wolken ist aber nicht die einzige, es kommen noch andere Einflüsse dazu, die, irdischen oder kosmischen Ursprungs, keinem Takt folgen werden. In den Tropen werden diese verhältnismäßig geringfügigen Einflüsse keine allzu großen Folgen haben. Der Witterungsverlauf wird ihrer ungeachtet im großen und ganzen einen regelmäßigen Verlauf beibehalten. In den höheren Breiten aber, wo schon geringfügige Einflüsse große Wirkungen haben können — ich komme darauf noch zurück — sind sie befähigt, bedeutsame Störungen auszulösen. Es scheint mir auf Grund solcher Überlegungen, daß die Aussichten für die Auflösung der Wetterschwankungen in Perioden zum mindesten sehr wenig günstig sind.

Den zweiten Weg, auf dem man, ohne nähere

Kenntnis der Ursachen, hoffen kann, zu brauchbaren Wettervorhersagen zu kommen, möchte ich ebenfalls durch ein Beispiel aus einem anderen Gebiet beleuchten. Wie dem Meteorologen der ursächliche Zusammenhang der Witterungsvorgänge, so ist auch dem Arzt der Zusammenhang der Krankheitserscheinungen entweder nicht oder doch meist nur unvollkommen bekannt. Trotzdem gelingt es ihm in vielen Fällen, den Verlauf der Krankheit vorherzusagen. Einmal im allgemeinen auf Grund der Kenntnis vom durchschnittlichen Verlauf der Krankheit. Unwillkürlich wird man an die Meteorologen erinnert, die klimatologische Mittelwerte für Vorhersagen ausgeben. Dann aber gelingen ihm auch speziellere, dem Einzelfall angepaßte Voraussagen auf Grund von Symptomen, die er an seinem Patienten wahrnimmt.

Nicht anders verfuhren die Wetterinteressenten seit den ältesten Zeiten und verfahren sie heute noch. Ihr Patient ist die Atmosphäre, deren mittlerer Zustand, wie er durch die klimatischen Mittelwerte charakterisiert wird, ist dem normalen Befinden, die Abweichungen vom mittleren Zustand sind der Krankheit des Patienten vergleichbar.

Die primitivsten Symptome einer herankommenden Wetterstörung sind Wahrnehmungen, wie die über das Schwitzen der Steine und Mauern, das Feuchtwerden des Salzes, über den Flug der Schwalben, die Zudringlichkeit der Mücken, über Gliederreißen usw. Wesentlich höher stehen schon Beobachtungen über das Auftreten bestimmter Winde und Wolkenformen, über die Färbungen des Himmels, über das Auftreten von Sonnen- und Mondringen und deren Verwertung als Vorboten des kommenden Wetters. Derartige Beobachtungen haben zum Teil schon wirklich wissenschaftlichen Charakter.

Da die Menschen auf niederer Kulturstufe am stärksten vom Wetter abhängig sind, da ihre Sinne infolge von Jagd und Kampf auf einer hohen Stufe der Ausbildung stehen, muß man annehmen, daß solche Symptome sehr früh bekannt gewesen sind. Aufzeichnungen von Wetterregeln, die auf dieser Grundlage beruhen, finden sich schon auf chaldäischen Tontafeln, die 4000 Jahre vor Beginn unserer Zeitrechnung entstanden sind. Auch die Bibel enthält, was wohl nicht allgemein bekannt sein dürfte, solche Wetterregeln. Von den späteren Fassungen dieser Regeln erwähne ich nur die, teilweise gereimten, Bauernregeln. Dem Inhalte nach teilweise schon im alten Babylonien nachweisbar, sind sie zum ersten Male um das Jahr 1505 durch Leonhard Reynmann in seinem „Wetterbüchlein", veröffentlicht worden. Eine der bekanntesten Bauernregeln ist die, daß wenn es am sogenannten Siebenschläfer, am 27. Juni, regne, es dann sieben Wochen lang regnen werde. Wie diese, so lassen auch die meisten anderen Bauernregeln den Wunsch erkennen, den Witterungscharakter für eine längere Zeit vorauszusehen.

Die wissenschaftliche Kritik ist den Bauernregeln nicht günstig gewesen. Die allermeisten wurden als falsch, wertlos oder unsicher erwiesen.

Dagegen haben die Wetterregeln, die sich auf den Wind, das Aussehen des Himmels und der Wolken gründen, ihren Wert behalten. In unseren Tagen genießen besonders Jäger, Fischer, Seeleute, Schäfer, Bergführer und andere Leute, die durch ihren Beruf zu häufigem Aufenthalt im Freien gezwungen sind, mit Recht den Ruf, nach solchen Symptomen mit großer Sicherheit das Wetter für kurze Zeit voraussagen zu können. Daß dies keine diesen Leuten eigentümliche Fähigkeit ist, daß sie auch ein Stadtbewohner bei gehöriger Beanlagung und Ausdauer verhältnismäßig rasch erwerben kann, hat der Apotheker Dr. Mylius in Potsdam bewiesen. Ein eifriger Wassersportler und zugleich ein geübter Aquarellist, hat er auf seinen Segelfahrten zahlreiche Aspekte des Himmels im Aquarell festgehalten und die Bilder mit Notizen über das herrschende und das jeweils nachfolgende Wetter versehen. Indem er sich so zu schärfster Beobachtung zwang und zugleich seinem visuellen Gedächtnis die beste Stütze bot, gelangte er binnen wenigen Jahren dazu, das Wetter ebenso sicher vorauszusehen wie die ältesten Lotsen.

Neue Symptome bevorstehender Wetteränderungen wurden bekannt mit der Erfindung der meteorologischen Instrumente. Zwar hat der Erfinder des in dieser Hinsicht wichtigsten Instruments, des Barometers, Torricelli, die Beziehungen des Barometerstandes zum Wetter noch nicht erkannt. Dies geschah erst anderthalb Jahrzehnte später durch den, besonders durch seine Luftpumpenversuche bekannten, Bürgermeister von Magdeburg, Otto von Guericke. Er scheint auch der erste gewesen zu sein, der das Barometer zu prognostischen Zwecken benutzte, indem er auf Grund eines beobachteten starken Barometerfalls für den 6. Dezember 1660 einen Sturm vorhersagte. Von den später erfundenen Instrumenten fand und findet noch besonders das Hygrometer, das den Feuchtigkeitsgehalt der Luft mißt, prognostische Verwendung.

Es kann und soll nicht geleugnet werden, daß durch Beobachtung des Barometers und Hygrometers unter Berücksichtigung des Windes und des Himmelsanblicks schon von einem einzigen Beobachter sehr beachtenswerte Prognosen auf kürzere Fristen von etwa einem oder zwei Tagen erhalten werden können. Aber man sieht auch leicht das Unvollkommene ein, das solchen Versuchen anhaftet. Wir hatten schon früher die Tätigkeit des Meteorologen, der nach Symptomen das kommende Wetter vorherzusagen versucht, mit derjenigen des Arztes verglichen. Offenbar befindet sich der Wetterkundige, dem für seine Vorhersage nur die Beobachtungen an einem einzigen Orte, gewöhnlich seinem Wohnort, zur Verfügung stehen, in einer ähnlichen, ja in einer schlimmeren Lage als ein Arzt, der aus irgendwelchen Gründen nur eine einzige Körperstelle seines Patienten untersuchen könnte.

Um diesen Mangel zu beheben, bedarf es einer umfangreichen Organisation. Unser Patient, die Atmosphäre, ist zu groß, als daß derselbe Beobachter seinen augenblicklichen Zustand untersuchen könnte. Die Mitwirkung zahlreicher Beobachter ist nötig, die nach einheitlichen Grundsätzen arbeiten und ihre Ergebnisse an eine Zentrale melden. Der Grundgedanke dieser Methode, die als synoptische bezeichnet wird, wurde schon um 1780 von den berühmten französischen Gelehrten Lamarck und Lavoisier ausgesprochen. Die Frage ihrer Durchführung konnte aber erst aktuell werden, als in dem elektrischen Telegraphen ein Mittel gegeben war, die Meldungen so schnell weiterzugeben, daß ihre Ankunft nicht von dem Gang der Ereignisse im Luftmeere überholt wurde. In der Tat hat schon bald nach Erfindung des elektrischen Telegraphen der Österreicher Kreil im Jahre 1842 seine Verwendung in dem erwähnten Sinne vorgeschlagen. Indes bedurfte es doch noch eines stärkeren Anstoßes, um den Stein ins Rollen zu bringen.

Im Hinblick auf die Anforderungen, die auch jetzt wieder der Krieg an die Wettervorhersage stellt, ist es interessant, daß auch jener erste Anstoß mit kriegerischen Ereignissen in Verbindung stand. Als im Herbst 1854 die verbündete Flotte der Engländer und Franzosen vor Sebastopol lag, brachte sie ein am 14. November unversehens hereinbrechender Sturm in große Gefahr; das französische Linienschiff Henri IV sank, auf dem Lande wurde das Lager von Balaklawa zerstört.

Daraufhin wurde der Direktor der Pariser Sternwarte, der berühmte Leverrier, beauftragt, dieses Ereignis zu untersuchen. Auf Grund der Beobachtungen, die ihm von allen europäischen Stationsnetzen zur Verfügung gestellt wurden, also durch eine synoptische Untersuchung, stellte er fest, daß der Sturm von Westen quer über ganz Europa bis zur Krim gezogen war. Sein Gutachten ging dahin, daß es mit Hilfe telegraphischer Berichte möglich gewesen wäre, den Sturm auf seinem Wege zu verfolgen und auch sein Auftreten in der Krim rechtzeitig vorherzusagen.

Indessen vergingen doch noch einige Jahre, ehe die Angelegenheit endgültig in Fluß kam. Erst vom September 1863 an erschienen die täglichen Wetterberichte des Pariser Observatoriums, in Deutschland folgte im Februar 1876 die Deutsche Seewarte, und 30 Jahre später, am 1. Juni 1906, trat der öffentliche Wetterdienst im Deutschen Reich ins Leben. Er veröffentlicht die jetzt jedermann bekannten täglichen Wetterkarten, die ein anschauliches Bild der Witterungsverhältnisse über einem großen Teile Europas um 8 Uhr vormittags vermitteln. Den Wetterkarten ist eine kurze Übersicht über die Wetterlage sowie eine Vorhersage für den nächsten Tag beigegeben.

Welches sind nun die Methoden, mit denen die synoptische Wettervorhersage arbeitet, welches sind die Symptome, aus deren Auftreten sie auf das kommende Wetter schließt?

Die wichtigste Erfahrung, die wir der synoptischen Methode verdanken, ist die bereits von Leverrier bei der Untersuchung des Balaklawasturmes gemachte, daß das Wetter wandert, daß es über die Lande dahinzieht. Die telegraphischen

Meldungen machen es möglich, die Bahn und die Geschwindigkeit festzustellen und mit einer gewissen Wahrscheinlichkeit auch Schlüsse auf das voraussichtliche Weiterwandern zu ziehen. Natürlich ist die Aussage über das Wandern des Wetters cum grano salis zu verstehen. Auf ihrer Wanderung erleidet die Erscheinung, z. B. ein Sturm, Veränderungen hinsichtlich Ausdehnung und Stärke. Kann man ihn lange genug verfolgen, so wird man beobachten, daß er schwächer und schwächer wird und schließlich erlischt. Umgekehrt kann ein Sturm, besonders ein sommerlicher Gewittersturm, auch in der nächsten Nachbarschaft entstehen; dann wird er sich natürlich nicht von weither anmelden. Aber im großen und ganzen besteht der Ausspruch über das Wandern des Wetters doch zu Recht.

Das Wandern des Wetters geht in der Regel von Westen nach Osten; es ist das gewissermaßen der normale Verlauf der Krankheit; im einzelnen aber kommen viele Abweichungen vor, und diese richtig vorherzusehen, ist natürlich eine höchst wichtige Aufgabe.

Für ihre, heute wenigstens, teilweise gelungene Lösung war eine neue Erkenntnis von Bedeutung, die gleichfalls der synoptischen Methode zu verdanken ist, nämlich die Erkenntnis der innigen Beziehung, die zwischen dem Wetter und der Verteilung des Luftdrucks am Meeresspiegel besteht.

Es ist Ihnen, meine Damen und Herren, gewiß bekannt, welche Rolle bei der modernen Wettervorhersage die Luftdruckverteilung spielt, es ist in den Wetterberichten fortgesetzt von Tiefdruckgebieten und Hochdruckgebieten, oder, wie sie auch heißen, von Zyklonen und Antizyklonen die Rede, und es ist Ihnen sicher auch bekannt, daß erstere die Träger des trüben und regnerischen, letztere die Träger des trockenen und heiteren Wetters sind. Außer den Zyklonen und Antizyklonen gibt es noch zahlreiche andere, mehr oder weniger häufig wiederkehrende Störungen der normalen Luftdruckverteilung, die ich nicht alle namhaft machen kann und auch nicht zu machen brauche. Was hier nur zu wissen not tut, ist, daß jeder typischen Luftdruckverteilung in einer bestimmten Jahreszeit ein bestimmter Wettertypus ziemlich eindeutig entspricht. Das ist natürlich von größter Wichtigkeit. Denn wenn zu einer bestimmten Luftdruckverteilung auch immer ein bestimmtes Wetter gehört, so ist dadurch das Problem der Vorhersage des Wetters auf die Vorhersage der Luftdruckverteilung zurückgeführt. Es genügt, wenn ich sagen kann: Morgen wird die Luftdruckverteilung die und die sein. Die Voraussage der übrigen Witterungselemente ist darin implizite enthalten.

Die Fragen, die der Prognosensteller zu beantworten in der Lage sein muß, sind also folgende: 1. Welche Verteilung wird der Luftdruck morgen haben und 2. welches Wetter entspricht dieser Luftdruckverteilung?

Die zweite Frage muß natürlich schon im voraus beantwortet sein, wenn man Prognosen geben will. Das kann nur auf Grund langer Erfahrungen geschehen, die möglichst in den Gegenden gewonnen sein müssen, auf die sich die Vorhersagen beziehen sollen. Denn nicht überall ist die Reaktion des Wetters auf die Luftdruckverteilung dieselbe. Es hängt das außer von dem Klimagebiet besonders von der Oberflächenbeschaffenheit des Landes ab.

Der eigentlich prognostische Kern ist in der ersten der oben gestellten Fragen enthalten. Die richtige Voraussage der Luftdruckverteilung ist das größte Problem der heutigen Wettervorhersage. Das wertvollste Hilfsmittel zur Lösung dieses Problems ist wieder die Erfahrung, daß die Störungen der Druckverteilung, also Zyklonen, Antizyklonen und die anderen, die ich nicht alle namhaft machen konnte, wandern, im allgemeinen von Westen nach Osten, mit einer Geschwindigkeit von im Durchschnitt etwa 30 Kilometern in einer Stunde. Diese Erfahrung ist natürlich keine andere als die schon von Leverrier bei der Untersuchung des Balaklawasturmes über das Wandern des Wetters gemachte. Da, wie wir sahen, jeder Luftdruckverteilung ein bestimmter Wettertypus entspricht, wandert eben das Wetter mit der Druckverteilung mit.

Das erwähnte Wandern der Luftdruckstörung von Westen nach Osten stellt, wenn ich das frühere Bild noch einmal anwenden darf, gewissermaßen den normalen Verlauf der Krankheit dar. Im einzelnen kommen viele Abweichungen vor. Viel Arbeit ist in den letzten 40 bis 50 Jahren darauf verwendet worden, Symptome zu finden, die gestatten sollen, diese Abweichungen rechtzeitig vorherzusagen. Man hat sie mit der Temperaturverteilung, mit der Luftbewegung, dem Luftdruckgefälle, dem Wolkenzug, dem Regenfall, in neuester Zeit besonders mit dem Verhältnis der Windrichtung und -stärke zum Luftdruckgefälle, mit den zeitlichen Veränderungen des Luftdrucks und der Temperatur und mit den Vorgängen in den höheren Luftschichten, über die wir uns jetzt durch Drachen- und Ballonaufstiege unterrichten können, in Verbindung zu bringen gesucht. Auch eine in den zeitlichen Änderungen des Luftdrucks mitunter auftretende Periodizität ist mit Nutzen verwendet worden. Durch Umdeutung eines Satzes von Guilbert konnte Grossmann die Regel aufstellen, daß Tiefdruckausläufer oft in 24 Stunden an die Stätte der ihnen vorangehenden Hochdruckkeile rücken und diese wieder nach der Stätte der vorausgehenden Tiefdruckausläufer, was offenbar nicht anders gedeutet werden kann als durch Annahme einer Periode im Luftdruck, deren halbe Dauer 24 Stunden beträgt.

Welches ist nun der Erfolg aller dieser Bemühungen? Ich glaube, meine Damen und Herren, ich sage Ihnen nichts Neues, wenn ich ausspreche, daß er bis jetzt noch unvollkommen ist. Die Vorhersagen beziehen sich nur auf kurze Zeit, von 24 bis 36 Stunden, und ihre Treffsicherheit ist nicht über allen Zweifel erhaben. Zählt doch das Witzeln über die Fehlgriffe der Wettermacher zu den beliebten Unterhaltungsgegenständen. „Die Kritik ist leicht, aber die Kunst ist schwer!“ sagt ein französisches Sprichwort, und ich darf wohl um Ihr geneigtes Ohr bitten, wenn ich in einer kleinen Rede pro domo diese Schwierigkeiten kurz darzulegen versuche.

Die Hauptursache der zeitlichen Beschränkung ist derselbe Umstand, der der Wettervorhersage so nützlich geworden ist, nämlich das Wandern des Wetters. Die Folge ist, daß das Wetter meist bald aus dem Beobachtungsnetz herausgewandert ist und dafür vorher ungeahnte Erscheinungen zuwandern. Je größer die Netze gemacht werden, für desto längere Zeit werden die Vorhersagen aufgestellt werden können.

Aber auch die Vorhersage auf 24 oder 36 Stunden bietet noch Schwierigkeiten genug. Die erste ist die, daß die Beziehung zwischen dem Wetter und der Druckverteilung am Grunde des Luftmeeres tatsächlich nicht so eng ist, als Sie nach meinen bisherigen Darlegungen vielleicht anzunehmen geneigt sein werden. Das hat verschiedene Gründe. Erstens brauchen gleichen Luftdruckverteilungen am Meeresspiegel noch keineswegs gleiche Luftdruckverteilungen in höheren Schichten zu entsprechen. Und letztere stehen, wie ein Hinweis auf die Wolken und die aus ihnen fallenden Niederschläge zeigen dürfte, an Bedeutung für das Wetter hinter den unteren Schichten nicht zurück. Zweitens hängt das Wetter in Wahrheit gar nicht allein von der Druckverteilung ab, sondern auch, wenn auch in geringerem Grade, von anderen Faktoren, die bei einseitiger Berücksichtigung der Luftdruckverteilung nicht in Betracht gezogen werden, zum Teil auch gar nicht in Betracht gezogen werden können, weil wir keine oder doch nur spärliche Beobachtungen aus den höheren Luftschichten haben. Überlegt man dieses, so muß man sich eigentlich wundern, daß die Beziehungen zwischen der Luftdruckverteilung unten und dem Wetter noch so enge sind, wie es die Beobachtungen zeigen.

Die zweite Schwierigkeit ist folgende: Man hat zwar eine ganze Anzahl von Regeln gefunden, die Schlüsse auf die bevorstehenden Änderungen der Luftdruckverteilung erlauben. Aber es sind eben nur Regeln, die zwar in der Mehrzahl der Fälle, aber keineswegs immer gelten, es sind keine Gesetze. Auf den Einzelfall kann oft eine ganze Anzahl solcher Regeln angewendet werden, und es ist Sache des für die Prognose Verantwortlichen, aus ihnen die wahrscheinlichste Resultante zu ermitteln. Das kann vorläufig nur auf Grund der Erfahrung geschehen, auf Grund eines sich in längerer Praxis ausbildenden Gefühls, das natürlich nicht unfehlbar ist. Die Wettervorhersage in ihrem heutigen Stadium ist daher häufig eher eine Kunst als eine Wissenschaft genannt worden, zu deren erfolgreichster Ausübung ein gut Teil angeborener Begabung gehört.

Trotz dieser Schwierigkeiten hat die geschilderte Methode nicht unbedeutende Erfolge aufzuweisen. Man hat ihren für den nächsten Tag ausgegebenen Prognosen 80 Prozent Treffer und mehr nachgerühmt. Indessen hat, wie besonders Köppen hervorgehoben hat, die Berechnung von Trefferprozenten wenig Sinn. Entscheidend für die Beurteilung eines Prognosensystems kann nur die Wertschätzung sein, die die Prognosen bei den Kreisen finden, für die sie bestimmt sind. Ich glaube keinen besseren Beweis für diese Wertschätzung anführen zu können, als ein Gutachten amerikanischer Schiffahrts-, Landwirtschafts- und Handelsinteressenten. Diese Männer schätzten — vor dem Kriege — die Werte, die jährlich dank den Vorhersagen des Wetterbureaus in den Vereinigten Staaten vor Vernichtung bewahrt blieben, auf mehr als 400 Millionen Mark, eine Summe, die unseren durch die Kriegsanleihezahlen abgehärteten Ohren zwar nicht mehr hoch dünkt, aber doch die Ausgaben für das Wetterbureau in Höhe von jährlich etwas mehr als 4 Millionen Mark gut angewandt erscheinen läßt. Für Europa sind mir ähnliche Schätzungen nicht bekannt geworden.

Ganz neuerdings scheint der von den staatlichen Instituten ausgeübten Prognose auf synoptischer Grundlage ein beachtenswerter Konkurrent zu erwachsen in der Methode des Priesters Stephan Kaltenbrunner in Linz.

Diese, von ihrem Urheber als die statistische bezeichnete, Methode stellt gewissermaßen eine Neuauflage der Versuche dar, aus den Beobachtungen an einem Orte das Wetter für diesen Ort vorherzubestimmen. Kaltenbrunner verzichtet also völlig auf die Beobachtungen anderer Stationen und ihre Übermittelung durch den Telegraphen. Er beobachtet an seinem Wohnort eine Reihe von meteorologischen Größen, in denen er besonders gute Symptome des kommenden Wetters zu sehen glaubt und die er die „wichtigsten Wetterfaktoren“ nennt. Solche sind: die Windrichtung, das jeweilige Wetter, der Luftdruck und seine Änderung während der letzten Stunden, die Temperatur und im Winter auch noch die Feuchtigkeit. Ganz neuerdings soll auch noch der Gang des Wetters aufgenommen werden. Sein Prinzip ist: „Auf gleiche Wetterfaktoren folgt wiederum das gleiche Wetter“. Wenn also z. B. heute gewisse Wetterfaktoren, wie Luftdruck, Wind, Temperatur usw., in bestimmter Weise auftreten, so ist es nach Kaltenbrunner wahrscheinlich, daß morgen dasselbe Wetter herrschen wird, wie es einem früheren Tage gefolgt ist, der dieselben Wetterfaktoren aufwies.

Originell ist die Art, wie dieses Prinzip praktisch zur Prognose verwendet wird. Auf Grund langjähriger meteorologischer Aufzeichnungen — diese bilden die notwendige Voraussetzung — werden sinnreiche Tabellen angelegt, die so viele Eingänge haben, als die Anzahl der in Betracht zu ziehenden Wetterfaktoren beträgt. Geht man in diese mit den um 2 Uhr nachmittags beobachteten Werten der Wetterfaktoren ein, so findet man in kürzester Zeit, etwa 2 Minuten, welches Wetter auf frühere gleiche Kombinationen von Wetterfaktoren gefolgt ist. Daraus kann man nach dem obigen Prinzip auf das für den nächsten Tag zu erwartende Wetter schließen.

Natürlich kann die Brauchbarkeit von Kaltenbrunners Prinzip nicht logisch, sondern nur durch den Erfolg bewiesen werden. Und dieser ist nach Schneider, der das Verfahren erprobt hat, günstig. Die Prognosen nach Kaltenbrunner waren hinsichtlich der Bewölkung um 8, hinsichtlich des Niederschlages sogar um 14 Prozent den offiziellen Prognosen nach der synoptischen Methode überlegen.

Bedeutet Kaltenbrunners Verfahren gegenüber dem synoptischen methodisch insofern einen Rückschritt, als er nur Beobachtungen von einem Ort verwendet, so stellt es hinwiederum insofern einen Fortschritt dar, als nicht einem einzigen Faktor so überwiegende Bedeutung vor allen anderen beigemessen wird, wie es bei der synoptischen Methode mit der Luftdruckverteilung geschieht, sondern daß mehrere Faktoren in gleichmäßigerer Weise benutzt werden. Auf diesen Umstand sowie auf die geschickte Tabellierung, die das ganze, den jeweiligen Fall betreffende Tatsachenmaterial sofort darbietet, während der Synoptiker hinsichtlich der Heranziehung früherer ähnlicher Fälle meist auf sein Gedächtnis angewiesen ist, dürften Kaltenbrunners Erfolge zurückzuführen sein.

Eine Erklärung der von ihm aufgedeckten Erfahrungstatsache ist meines Wissens noch nicht versucht. Sie ist keineswegs so natürlich, wie Kaltenbrunner meint, vielmehr deutet sie auf versteckte Beziehungen zwischen den atmosphärischen Vorgängen, deren nähere Erforschung noch der Zukunft harrt.

Vorläufig sind Kaltenbrunners Tabellen erst für Wien ausgearbeitet worden. Die Erfahrung zeigt, daß sie noch in ziemlich weitem Umkreis von Wien verwendbar sind. Die Bearbeitung entsprechender Tabellen für Berlin soll in Angriff genommen sein. Sie dürften auch uns Leipzigern Gelegenheit geben, das Verfahren auf seine Brauchbarkeit zu prüfen.

Ich kann diesen Abschnitt nicht beschließen, ohne wenigstens einige Worte zu sagen über die Bestrebungen, den allgemeinen Witterungscharakter längerer Zeiträume im voraus zu bestimmen. Solche Bestrebungen machen sich schon früh bemerkbar und zeugen für das Bedürfnis, das weite Kreise nach langfristigen Prognosen haben. Das mag man auch als mildernden Umstand gegenüber dem immer noch weiter wuchernden Mondglauben und dem Glauben an die Bauernregeln gelten lassen. Das Bedürfnis nach Prognosen auf längere Zeit ist eben so mächtig, daß sich die Menschen an die unwahrscheinlichsten Hoffnungen klammern, solche zu erhalten. Die neueren beachtenswerten Versuche, dieses Ziel zu erreichen, gründen sich auf die Beobachtung von Zusammenhängen zwischen den Witterungserscheinungen an verschiedenen, zum Teil weit entfernten Erdstellen zu verschiedenen Zeiten. Da die ganze Atmosphäre eine große von der Sonne betriebene Wärmemaschine ist, hat die Annahme eines ursächlichen Zusammenhanges der Witterung an verschiedenen, wenn auch weit entfernten, Erdstellen nichts Mystisches.

In dieser Richtung angesetzte Untersuchungen, besonders von Meinardus, zeigten, daß eine recht enge Beziehung besteht zwischen der Temperatur des Meeres an der norwegischen Westküste im Herbst und der Temperatur des darauffolgenden Vorfrühlings in Mitteleuropa. Einer hohen Temperatur des Meeres im Herbst folgte in 95 Prozent aller untersuchten Fälle im nächsten Jahre ein warmer Vorfrühling und umgekehrt. Trotz ihrer praktischen Wichtigkeit — Meinardus konnte auch Beziehungen der Ernteerträge zu den Temperaturen des vorhergehenden Vorfrühlings und somit zu den Wassertemperaturen an der norwegischen Küste, die $^3/_4$ Jahre früher gemessen worden waren, nachweisen — sind ernsthafte Versuche zu ihrer prognostischen Verwertung nicht bekannt geworden. Anders in Indien, wo auf Grund analoger Indizien von dem Meteorologischen Amt seit 1907 Vorhersagen über die mutmaßliche Ergiebigkeit der Monsunregen, von der der Ausfall der Ernte abhängt, gegeben werden.

Kehren wir nach diesen Abschweifungen noch einmal zur synoptischen Methode zurück. Die früher namhaft gemachten Schwierigkeiten können durch die Schlagworte: „Mangelhafte Beobachtungsgrundlagen, unvollständige Charakterisierung der Wetterlage durch die Luftdruckverteilung allein“ und „Regeln an Stelle von Gesetzen“ gekennzeichnet werden.

Naturgemäß drängt sich die Frage auf, ob diese Schwierigkeiten auf dem bisher befolgten Wege überwunden werden können.

Man sieht leicht, daß die Schwierigkeiten, die aus der Lückenhaftigkeit der Beobachtungen und aus der Unvollständigkeit der Beziehung zwischen Luftdruckverteilung und Wetter entspringen, prinzipiell nicht unüberwindlich sein können. Die Heilmittel können nur heißen: Vermehrung und Ausdehnung der Beobachtungen, besonders solcher aus den höheren Schichten, und gleichmäßigere Berücksichtigung der Faktoren, die das Wetter charakterisieren. Ansätze zu Fortschritten in dieser letzten Hinsicht sind bereits vorhanden.

Anders ist es mit der dritten, durch das Schlagwort „Regeln an Stelle von Gesetzen" gekennzeichneten Schwierigkeit. Kein Physiker wird bezweifeln, daß die Veränderungen in der Atmosphäre letzten Endes nach einfachen Gesetzen erfolgen, die, wie alle Gesetze der Physik, ihren Ausdruck in Differentialgleichungen, d. h. in Beziehungen zwischen den unendlich kleinen Veränderungen der beteiligten Größen, finden. Wir beobachten aber nicht die unendlich kleinen Veränderungen, sondern nur endliche Veränderungen, und bei diesen ergeben sich ganz andere Beziehungen zwischen den beteiligten Größen. Wir nennen sie Integralbeziehungen, weil man sie aus den Differentialbeziehungen durch die mathematische Operation des Integrierens ableitet. Einige Beispiele werden den Unterschied sofort klarmachen. Eine Differentialbeziehung ist das zweite Newtonsche Bewegungsgesetz, demzufolge die Beschleunigung eines Körpers in jedem Augenblick gleich ist der auf ihn wirkenden Kraft dividiert durch seine Masse und die Richtung der Kraft hat. Daraus abgeleitete Integralbeziehungen sind: die

Fallgesetze, die Keplerschen Gesetze der Planetenbewegung, die Gesetze der Wurfbewegung.

Das Bewegungsgesetz ist sehr einfach, die Integralbeziehungen dagegen sind nur dann wirklich einfach, wenn der in Betracht kommenden Einflüsse ganz wenige sind, angenähert auch noch dann, wenn ein Einfluß alle anderen überwiegt. Die Integralbeziehungen werden aber sofort sehr verwickelt, wenn mehrere Einflüsse von gleicher Größenordnung zugleich wirksam sind. Im Falle eines um einen Zentralkörper bewegten Massenpunktes ergeben sich die einfachen Keplerschen Gesetze, im Falle zweier umeinander gravitierende Körper ist die Aufgabe, das Integralgesetz zu finden, schon schwieriger, aber immer noch lösbar, schon bei drei Körpern wird sie so verwickelt, daß sie bisher noch nicht gelöst werden konnte.

Bedenken wir nun, wie vielen Einflüssen ein Luftteilchen in der Atmosphäre unterliegt, daß Schwere, Luftdruckgradient, Reibung darauf wirken, daß es bei seiner Bewegung thermodynamische Zustandsänderungen erleidet, daß ihm durch Strahlung, Leitung und noch auf anderen Wegen Wärme zugeführt wird, so sehen wir: für die Atmosphäre kann es einfache Integralbeziehungen nicht geben. Höchstens dann mögen die Erscheinungen einen leidlich regelmäßigen Verlauf erkennen lassen, wenn ein Faktor alle übrigen überwiegt.

Solches trifft tatsächlich für die tropischen Gegenden, in unseren Gegenden besonders für das Innere der Hochdruckgebiete zu. Der eine, alle anderen überwiegende oder bestimmende Einfluß kommt in diesen Fällen von der Sonne, die tagelang ihre Wärme in wesentlich gleicher Weise der Erde zuführt. Daher werden die meteorologischen Erscheinungen Tag für Tag nahe dieselben sein.

In den gemäßigten und höheren Breiten der Erde sind die Verhältnisse in der Regel verwickelter. Durch die Wirkung der ablenkenden Kraft der Erddrehung können verhältnismäßig geringe Temperaturdifferenzen die Veranlassung zur Ausbildung kräftiger Wirbel geben, in deren Umkreis Winde aus den verschiedensten Richtungen auftreten. Von den so herbeigeschafften verschieden temperierten Luftmassen werden sich die kälteren infolge ihres größeren spezifischen Gewichts unter die wärmeren zu lagern suchen, diese werden gehoben, der in ihnen enthaltene Wasserdampf kondensiert zu Wolken, wobei neue Wärmemengen frei werden. Außerdem beeinflussen die entstehenden Wolken in tiefgehender Weise den Wärmeaustausch mit der Sonne und dem Weltall. Durch das Zusammenwirken aller dieser Vorgänge, von denen hier natürlich nur eine äußerst flüchtige Skizze entworfen werden konnte, kommt das verwirrende Bild der Witterungserscheinungen in unseren Breiten zustande. Trotzdem ist, durchaus in Übereinstimmung mit der Erfahrung, auch hier zu erwarten, daß sich Regeln bemerkbar machen werden. Allein sie werden nicht streng und nur so lange gelten, als ein Faktor die übrigen überwiegt und verschieden sein, je nachdem welches der überwiegende Faktor ist.

Wie ist bei dieser Lage der Dinge die Schwierigkeit zu überwinden? Auf diese Frage hat V. Bjerknes, der erste Vertreter der Geophysik an unserer Universität und Begründer ihres Geophysikalischen Instituts, eine Antwort gegeben. Sein Gedanke kann, etwas trivial, folgendermaßen ausgedrückt werden: Wenn es keine Integralgesetze gibt, die einfach genug sind, so müssen wir eben auf die Differentialgesetze zurückgehen. Die Differentialgesetze aber, die die atmosphärischen Vorgänge beherrschen, kennen wir bereits. Es sind die Gleichungen der Mechanik und der Thermodynamik. Wenn es gelänge, diese, ausgehend von einem durch Beobachtungen völlig bekannten Anfangszustand der Atmosphäre, zu integrieren, so müßte das Integral den Zustand der Atmosphäre und damit das Wetter zu irgendeiner späteren Zeit kennen lehren.

Dadurch werden alle Schwierigkeiten auf das Methodische geschoben, von der Integration der Gleichungen wird aller Fortschritt abhängig gemacht. Eigenartige Methoden, die diesem Zwecke dienen sollen, sind von Bjerknes und seinen Schülern geschaffen, wichtige Fortschritte schon erzielt worden. Trotzdem ist die Prognose auf exakter Grundlage, wie er sie formuliert hat, heute im wesentlichen noch Programm. Nur in wenigen ausgewählten Fällen, die vereinfachende Annahmen möglich machten, sind Vorausberechnungen auf etwa 12 Stunden mit guter Annäherung an die Beobachtungen gelungen. Auch andere, von gleichen Gesichtspunkten und unabhängig von Bjerknes unternommene

Versuche von Exner haben keine besseren Ergebnisse gezeitigt. Die Schwierigkeiten, die sich auch hier dem Vordringen entgegenstellen, sind sehr große. Sie sind teils mathematischer, teils auch physikalischer Art. Die letzteren beruhen darin, daß Größen, die in den Gleichungen vorkommen, teils gar nicht, teils nicht entfernt mit der Genauigkeit beobachtet werden, wie es für die Anwendung der Gleichungen nötig wäre; ferner in dem turbulenten Charakter der Luftbewegung, in der unregelmäßigen Gestaltung der Erdoberfläche u. a.

Die Zeit und die Rücksicht auf den weiteren Zuhörerkreis verbieten mir ein näheres Eingehen.

Nur bei einem Punkt sei mir noch etwas zu verweilen erlaubt. Der zufällige Charakter der Witterung in den mittleren und höheren Breiten macht es fast zur Gewißheit, daß für die Atmosphäre in diesen Gegenden der Satz gilt: „Kleine Ursachen, große Wirkungen". Die Atmosphäre teilt diese Eigenschaften mit den Vorrichtungen, die zu Hasardspielen dienen, wie Würfeln, Roulettes usw. Die Gesetze, nach denen sich diese Apparate bewegen, sind uns mit einer unser Erkenntnisbedürfnis völlig befriedigenden Genauigkeit bekannt. Trotzdem gelingt es nicht, den Erfolg im voraus zu berechnen. Daran würde auch nichts geändert werden, wenn der Würfel oder die Kugel im Roulette anstatt von Menschenhand von einer stets gleich gespannten Feder geschleudert würde.

Diese Überlegung scheint mir zu zeigen, daß zu einer sicheren Vorausberechnung des Wetters eine außerordentliche Genauigkeit bei der Beobachtung und bei den Berechnungen erforderlich sein würde, eine Genauigkeit, die größer wäre, als wir sie bei Behandlung der meisten anderen physikalischen Probleme bisher zu erreichen vermögen.

Da bei der Darstellung der Verteilung meteorologischer Größen auf Grund von Beobachtungen in weitem Umfang von Interpolationen Gebrauch gemacht werden muß, ist die erreichbare Genauigkeit nur gering. Schlimmer noch ist es um die Genauigkeit der Differentialquotienten bestellt, mit denen man in die Gleichungen einzugehen hat. Es muß daher fraglich erscheinen, ob die oben als erforderlich bezeichnete große Genauigkeit erreichbar ist.

Wenn Sie mich jetzt, meine Damen und Herren, am Schlusse meiner Ausführungen fragen würden, wie ich mir die Weiterentwicklung, die Zukunft der Wettervorhersage denke, so würde ich etwa folgendes zu sagen haben:

Daß es in absehbarer Zeit gelingen wird, das Problem der Wettervorhersage auf exaktem Wege zu lösen, ist wohl kaum wahrscheinlich. Wohl aber scheint mir die Hoffnung berechtigt, daß es gelingen wird, durch eine Verknüpfung von Theorie und Empirie eine praktische Lösung zu erhalten.

Diese Hoffnung wird genährt durch den Vergleich mit einem anderen Prognosenproblem der Geophysik, der Vorhersage von Ebbe und Flut. Auch dort ist, obwohl die Aufgabe viel einfacher ist als die uns vorliegende, nach dem Urteil maßgebender Kenner eine strenge Lösung in absehbarer

Zeit nicht zu erwarten. Trotzdem ist durch eine schöne Vereinigung von Empirie und Theorie die Aufgabe in einer alle Ansprüche der Praxis befriedigenden Weise gelöst.

Die gegenseitige Durchdringung von Theorie und Empirie in der Wettervorhersage wird, glaube ich, von verschiedenen Seiten her erfolgen können, von einer Seite, indem man aus physikalischen Erwägungen Wetterregeln ableitet, die an der Erfahrung geprüft werden können, von einer anderen, indem man aus der Erfahrung die in Einzelfällen zulässigen Vereinfachungen der Gleichungen und die besten Annahmen über Größen, die in die Gleichungen eingehen und die der Beobachtung bis jetzt nicht zugänglich sind, wie Reibungskoeffizient, zugeführte und entzogene Wärme, kennen lernt, oder auch, indem man nur die allgemeine Wetterlage vorauszuberechnen sucht, die Detaillierung aber der Erfahrung der lokalen Prognosensteller überläßt.

Vielleicht ist auch noch die Kaltenbrunnersche Methode einer bedeutenden Entwicklung fähig. Das dürfte besonders dann der Fall sein, wenn die Auswahl der Wetterfaktoren nach physikalischen Gesichtspunkten und außer den Beobachtungen am Orte auch noch solche an anderen Orten benutzt würden. Das käme gewissermaßen darauf hinaus, der Natur ihre Integrationskunststücke abzusehen und diese durch eine geschickte Registratur für die Zukunft verwertbar zu machen.

Aber über der Arbeit an einer praktisch brauchbaren Lösung darf das exakte Problem niemals aus dem Auge verloren werden. Die Arbeit in dieser Richtung, selbst wenn wir ihre unmittelbare praktische Verwertung nicht erleben, wird nicht vergebens sein. Von ihr dürfen wir die tiefsten Einblicke in das Getriebe der atmosphärischen Maschine erwarten. Die Lösung des exakten Problems muß uns immer als höchstes Ideal vorschweben, wenn wir sie auch selbst nicht erreichen können.

Metzger & Wittig, Leipzig. 597

FSC
www.fsc.org
MIX
Papier | Fördert gute Waldnutzung
FSC® C083411

Zeitfracht Medien GmbH
Ferdinand-Jühlke-Straße 7
99095 Erfurt, Deutschland
produktsicherheit@kolibri360.de